科学在你身边
KEXUEZAINISHENBIAN

纤维

北方妇女儿童出版社

前　言

　　提到纤维,你首先会想到什么? 我们的毛发、动物的皮毛还是各种质地的布匹? 纤维在我们的生活中无处不在,就像一个会变魔术的"神奇小子",在社会各个领域中扮演着重要的角色。

　　人类在很早以前就开始利用各种动物和植物纤维,用它们制成绳子、草鞋、渔网及麻布等。随着科学技术水平的提高,人们对纤维的利用更加广泛,而且还研制成功了各种性能良好的合成纤维,制出各种漂亮的衣服和性能良好的工业生产材料。

　　近年来,新纤维技术的发展更为迅速,科学家研制出智能调温纤维和变色纤维,不仅可以起到保温御寒的作用,而且还能产生五彩斑斓的颜色。同时,纤维与纳米技术相结合,制造出了许多高科技产品。

　　纤维这个"神奇小子"还有什么神奇威力呢? 我们生活中还有哪些动植物是纤维的来源? 现在就跟随我们一起去揭开谜底吧!

目 录
MULU

无处不在的纤维

纤维是天然或人工合成的细丝状物质。在现代生活中，纤维的应用无处不在，遍布纺织、环保、医药、建筑等各个领域。我们生活中的很多用品都是由纤维这个"神奇小子"制成的。

舒适的衣服

我们身上穿的衣服就是由许多类型不同的纤维组成的，具有保暖、吸汗、防辐射等作用。衣服中的海藻碳纤维能促进身体血液循环，蓄热保温；抗菌导湿纤维可以使人体汗液透过，随时保持干爽；防紫外线辐射的纤维制成的衣服可减少我们夏日撑伞的麻烦。

聚乳酸纤维是一种可完全生物降解的合成纤维，可以从小麦、玉米等谷物中获得。

环保好帮手

纤维在环保方面发挥的作用也越来越大。聚乳酸纤维是一种不会污染环境的绿色高分子材料，现已经被应用到社会的各个领域，可制成农用薄膜、纸张塑膜、食品容器、生活垃圾袋、医药用品等。

不可缺少的雨具

我们下雨时用的雨衣和雨伞也是纤维制品。不过，它们是由一些非常细的纤维制成的，虽然也有微小的缝隙，但是水分却无法渗透，因此具有良好的防水功能，成为雨天中不可缺少的雨具。

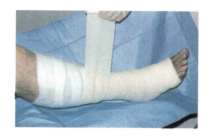

医药用品

各种止血棉、绷带和纱布，都是由纤维做成的医用纺织品，具有抑菌除臭、消炎止痒、保湿防燥、护理肌肤等功能，废弃后还可以自然分解，不污染环境。有一种由特殊纤维制成的外科缝合线，在伤口愈合后会自动分解并被人体吸收，病人就省去了拆线的环节。

← 创可贴是人们最常用的一种外科用药，它是由一条长形的胶布，中间附以一小块浸过药物的纱条构成，具有止血、保护创口的作用。

纸张

纸张也是一种纤维制品，所用的纤维大多来自树木。它表面光滑，具有韧性，用途十分广泛。

↑ 纱布

组成纤维的元素

纤维虽然个头不大,但结构却非常复杂,由多种元素组成。纤维来源不同,主要分为动物纤维、植物纤维及人工合成纤维三大类。各种样式别致、功能独特的纤维制品为人类提供了很多帮助,发挥着重要的作用。

碳元素

碳元素是一种呈网状结构的原子,它是组成碳纤维的重要成分。农作物秸秆纤维中含有大量的碳元素,小麦、玉米等主要粮食作物的秸秆中含碳量约占 40%以上。碳元素有耐腐蚀、耐热等性能,由纤维制成的内衣不仅吸汗、除臭,而且还可以抑制细菌生成。

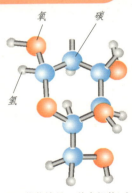

氧　碳
氢

葡萄糖是一种有机物,它含有 6 个碳原子,12 个氢原子和 6 个氧原子。

有机物

有机物是有机化合物的简称, 所有的有机物都含有碳元素,但是并非所有含碳的化合物都是有机化合物。目前人类已经发现了超过3000万种有机物,它们的特性千变万化,就像会变魔术一样。除水和一些无机盐外,生物体的组成成分几乎全是有机物,如淀粉、葡萄糖、油脂、蛋白质、核酸及各种色素。

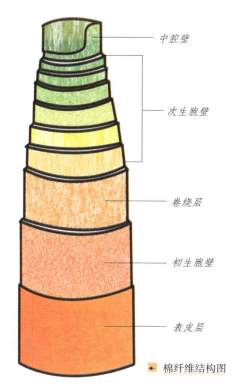

中腔壁

次生胞壁

卷绕层

初生胞壁

表皮层

← 棉纤维结构图

复杂的构成

纤维的结构非常复杂，是由很多基本结构单元经过若干层次的堆砌和混杂所组成的，就像一座由大量沙石堆成的小山丘，而且非常有层次感。如此复杂的结构，决定了纤维特殊、多变的性质。

小 知 识

蔬菜、豆类和水果等食物中含有大量的食物纤维，能有效预防大肠癌、糖尿病、肥胖、便秘、高血脂症等。食物纤维被人们列为继糖、脂肪、蛋白质、维生素、矿物质及水分之后的人体所需的第七营养素。

植物和动物纤维

纤维广泛存在于自然界中，有各种不同的来源。有些来自棉花、大麻、椰子、棕榈等植物，可以编织成棉衣、地垫及纸张等；还有一些来自动物，例如：我们头上的毛发、海豹和北极熊的毛皮及鸟类的羽毛，从中提取的纤维同样可以制成各种生活及工业用品。

↑ 马尼拉麻纤维具有细长、坚韧、质轻的特点，在海水中浸泡不易腐烂，是制造渔网和船用缆绳的优质原料。

孔雀绒毛

 # 纤维的性能

纤维复杂的结构决定了其特殊的性能,柔软轻盈、保温、易燃及耐腐蚀都是纤维常见的性能。然而,各种纤维的性能并不完全相同,所以才出现了各种质地不同的纤维制品。

柔软轻盈

柔软性是指纤维易于重复弯曲而不断裂的性能,与纤维的粗细程度有关。我们用手触摸头发、棉花、动物的皮毛或丝绸时,都会感觉非常柔和。因此,纤维制成的衣服柔软轻盈,穿到身上十分舒适,尤其是高档的羊绒衫和丝绸服饰。

◄ 丝绸是蚕丝或人造丝织成的织品的总称,手感舒适,透气性好,常被制作成衣服、丝巾、领带等。

➤ 弹性好的纺织品,可以用手拉得很长,但你丝毫不用担心会把它拉坏,因为它能自己恢复成原来的样子。

弹性

纤维的弹性就是指纤维变形的恢复能力。回弹率是表示纤维弹性大小的常用指标,回弹率高,则纤维的弹性好,变形恢复的能力强。用弹性好的纤维制成的纺织品尺寸稳定性好,不易变形,使用或穿着过程中不易起皱,并且比较耐磨。

▲ 漂亮的毛线手套

保温

保温性是纤维的基本性能之一。纤维中的缝隙越大，所含的静止空气越多，保温性能就越强。例如：毛线比棉线更蓬松，保温性能就更好。此外，天然纤维比化学纤维的保温性能要好一些。

▲ 用棉线织成的围巾

易燃

容易被点燃并会持续燃烧的纤维称为易燃纤维。一般而言，植物纤维比动物纤维更加易燃，所以有些植物纤维被用做燃料，如农作物秸秆。我们周围有很多纤维制品，所以一定要多加小心，千万不能让它们接近火源，避免发生意外。

◀ 用毛线织成的围巾

耐腐蚀

我们洗衣服用的肥皂中含有碱性，有一定的腐蚀作用，长期使用会对皮肤造成伤害。但纤维具有耐腐蚀性，所以用肥皂洗衣服不但不会腐蚀衣物，而且还能把衣服洗得非常干净，可以起到消毒的作用。

我们的毛发

毛发是自然界中常见的纤维，我们每个人身上都长着各种毛发。头上有细而长的头发，面部有直而短的眉毛和睫毛，全身还有细细的体毛。每种毛发无论长短粗细，都在人体中发挥着特有的功能。

头发

细软蓬松的头发是指长在头顶和后脑勺部位的毛发，主要作用是保护头部。夏天可以抵挡烈日，冬天可以御防寒冷。

🔼 由于种族和地区的不同，头发的颜色也有所不同，有乌黑、金黄、红褐、红棕、淡黄、灰白，甚至还有绿色和红色的。

小 实 验

每个人的发型不同，不同的发型带给我们的感觉也不一样。夏天比较热，将头发扎起来或剪短都会让你觉得凉爽。冬天比较冷，如果留长发或将头发散开披到肩膀上，就会感到比较暖和。试试看吧！

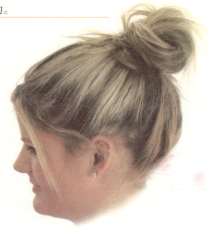

眉毛

　　眉毛位于眼睛上方，发质又直又硬，属于中型长度的毛发。眉毛虽然可以美化人的面部，但最重要的作用还是保护眼睛。眉毛就像一道屏障，刮风下雨时，可以阻挡灰尘和雨水进入眼睛。夏天时，额头上出的汗之所以不会流进眼睛，也是眉毛的功劳。

头发

眉毛

睫毛

鼻毛

睫毛

　　睫毛是眼睛的第二道防线。任何东西想要进入眼睛，首先要碰到睫毛，这时眼睛就会立刻闭起来，保护眼球不受外来的侵犯。此外，睫毛还有防尘作用。长而弯曲的睫毛对眼睛，甚至对人的整个容貌都有重要的修饰作用。

鼻毛

　　如果你对着镜子仔细观察，就会发现自己的鼻孔里有许多小毛发，这些由鼻腔内壁长出、互相交织成网状的毛发就是鼻毛。这些"藏"起来的鼻毛作用很大，可以防止呼吸时灰尘、油烟及小飞虫等异物飞入。因此，我们应当对鼻毛加以保护，不要随便修剪，尤其不要拔鼻毛。

动物毛皮

　　覆盖在动物身上的毛发就是毛皮。每种动物毛皮的颜色不同，有些是白色，有些是灰色，还有些是五颜六色的，十分漂亮。动物皮毛最主要的功能是保暖，除此之外还有帮助身体平衡、保护自身安全、散热、分泌营养物质等作用。

松鼠的尾巴

　　松鼠大而蓬松的尾巴上长着很多毛，冬天具有保暖功能，盖到身上就像一条暖和的被子。此外，松鼠的大尾巴也可以帮助它保持身体平衡。当松鼠一不留神从树上摔下来时，大尾巴上的毛就会散开，好像一把降落伞，保护它不受伤。

　◀　生活在地面上的松鼠的毛皮很细，平贴在身上，这样可以方便它出入洞穴；生活在树上的松鼠就必须拥有长而浓的厚毛皮，冬天来临时可以起到保暖的作用。

鸟类的羽毛

　　羽毛是鸟类特有的皮肤衍生物，除了爪子和喙以外，它们几乎全身都被羽毛覆盖着。鸟类的羽毛形状不同，发挥的作用也不一样。孔雀尾巴上的羽毛能反射绿色系和蓝色系的光，所以看起来是花花绿绿的，非常漂亮。

北极熊的"皮衣"

北极熊生活在白雪皑皑的北极，为了适应寒冷的气候，它们身上都覆盖着一层厚厚的皮毛，就像穿了一件温暖的白色"皮衣"。北极熊身上最外层的毛很长，含有很多油脂，而且是中空的，所以这种"重量级"的动物跳进海水里不会下沉。

← 北极熊也叫白熊，是熊类中个体最大的一种。它身躯庞大，体长可达 2.5 米以上，行走时肩高 1.6 米，最大的北极熊体重可达 900 千克。

保护色

有些动物的皮毛具有天然的保护作用，称为保护色。这种颜色或是与周围环境的颜色相似，或是可以扰乱天敌的视线。猎豹的皮毛上有棕色和黑色的斑点，与草丛的颜色融为一体，既可以帮助它顺利猎取食物，又可以防止天敌发现自己的踪迹。

羊毛

各种动物的毛发或毛皮都可以制成不同的物品，其中，羊毛最具代表性。羊毛是人类在纺织上最早被利用的天然纤维之一。人类利用羊毛的历史可追溯到数千年前的新石器时代，后来由中亚细亚向地中海和世界其他地区传播，迅速成为亚洲和欧洲的主要纺织原料。

剪羊毛

冬天来临时，羊身上的厚毛皮可以保暖；夏天时，牧场主人就会为羊"理发"，利用剪羊毛机一次把整只羊的羊毛剪下来，然后将剪下来的羊毛收集起来卖给收羊毛的商贩或自己使用。

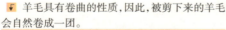
⬆ 羊毛具有卷曲的性质，因此，被剪下来的羊毛会自然卷成一团。

⬆ 牧场主人用特殊的工具剪羊毛，一头胖胖的羊转眼就被剥去了厚厚的毛皮大衣，变成光秃秃的。

多种类型

羊毛根据纤维的生长特性、组织构造和工艺特性可分为绒毛、发毛、两型毛、刺毛和犬毛五种。其中，刺毛非常短，没有工艺价值；而羊羔长大后犬毛就会被其他毛代替，因此可用做纺织原料的只有绒毛、发毛和两型毛。

↑ 世界上羊的品种有上千种，每种羊毛的品质都不一样。有些羊身上长着灰色的粗羊毛，有些却长着白色的细羊毛。

重要的纺织原料

　　羊毛是纺织工业的重要原料，具有弹性好、吸湿性强、保暖性好等优点。中国、澳大利亚、新西兰、俄罗斯是羊毛的主要生产国，产量约占世界羊毛总产量的 60%。羊毛主要输出国除澳大利亚和新西兰外，还有阿根廷和乌拉圭等国家。

纺织前的准备

　　羊毛纺织前需先加工成干净的毛。加工前要进行筛选，使羊毛质地均匀，然后把选好的羊毛撕开并打掉上面的土，以便洗得更干净。进行洗毛后可获得含有水分的湿毛，将湿毛烘干制作成毛条后，就可以进入纺织工序了。

↑ 羊毛经过清洗后，变得干净、轻盈、蓬松，手触摸上去很柔软。

　　麦利诺羊毛细致柔滑如纱，是世界上最好的羊毛之一，成为很多服装的首选材料。

小 知 识

　　麦利诺羊是遍及全世界的羊种，供应的羊毛占全球需求量的三分之一，很多高档的毛衣和靴子中都含有麦利诺羊毛。

羊毛的性能

每只羊的羊毛内都含有数百万的羊毛纤维，密密麻麻交织在一起。羊毛纤维具有吸水性强、弹性好、强度大、缩绒性及可塑性等性能，可以纺织成外观美丽、手感柔软、保暖性极强的服装。

弹性与强度

羊毛的弹性很好，通常呈弯曲状态，若用手使劲拉直，手一松开便会很快恢复到原来的状态。羊毛愈粗强度愈大，不容易断。弹性和强度是制作地毯和毛毯时选用羊毛的首要条件。

羊毛纤维韧度强、具有弹性，可以用来制作网球的外皮。

⬆ 纯羊毛衫在洗涤后都会缩水。

缩绒性与可塑性

羊毛在湿热条件下经外力作用会逐渐收缩紧密，使纺织物厚度增加，这种性质称为缩绒性。此外，羊毛在蒸汽作用下会逐渐发软、失去弹性。此时，如果把羊毛压成各种形状并迅速冷却，解除压力后，压成的形状可保持很长时间，这种现象称为可塑性。

热的作用

温度越高对羊毛的影响越大。温度达60℃时,对羊毛的影响不大;达100℃时,羊毛的颜色开始发黄,变得易断;达130℃时,颜色变为深褐色;当升高至200℃～250℃时,羊毛就会被烧焦,发出难闻的气味。

小 知 识

羊毛对酸的抵抗力比较强,低温或常温时,酸的溶液对羊毛无显著的破坏作用。相反,羊毛对碱的抵抗能力比较弱,碱对羊毛的破坏性非常大,会使羊毛的强度下降,颜色泛黄,手感粗糙。

↑ 羊毛经过高温燃烧变成黑色絮状,同时会发出蛋白质燃烧后特有的味道,与烧头发的味道很相似。如果用手捏,羊毛马上会变成粉末状。

日光的作用

羊毛是天然纤维中抵抗日光能力最强的一种。然而,若长期在日光下照射,日光中的紫外线会破坏羊毛中的化学成分,使羊毛颜色发黄,强度下降。

羊毛的用途

我们的生活中有很多羊毛制品,多用途的羊毛毡,图案各异的地毯,轻盈舒适的羊绒衫及各种围巾、手套等都是用羊毛编织而成的。此外,草原上的牧民还用羊毛制成既温暖又防水的帐篷。羊毛既可以防寒保暖,又能带给我们一份美丽。

用途广泛的羊毛毡

羊毛毡是羊毛经过湿、热、挤压等作用制成的片状物体,具有耐磨、防潮、防震、保暖等性能。羊毛毡的用途非常多,不仅可以当做毯子被铺到床上,既暖和又干燥,而且在工业上也得到了广泛应用,经常被用做保护垫、隔音材料等。

⬆ 工业毛毡

⬆ 羊毛毡呢帽

⬆ 羊毛可以被加工成五颜六色的毛线

毛线与毛衣

毛线是用羊毛纺成的线,手感柔软,韧性强,可以编织成各种花色及图案的毛衣、围巾、手套、帽子等。毛衣是最典型的毛线编织物,也是我们冬天时必备的衣服,穿到身上既暖和又漂亮。

羊绒衫

　　羊绒衫是以山羊绒为原料针织而成的高档服装，手感细软、柔滑，有光泽，保暖性好，穿到身上轻盈舒适。羊绒衫的款式大多为"V"形领套头衫、开衫、圆领套衫等，既有山羊绒本身的白、青、紫等天然色彩，也有人工染的色。

　　我国织地毯的历史悠久，早在两千多年前，新疆就开始生产地毯，并可以织出各种图案。后来，织地毯的工艺传入中原地区，使用范围越来越广泛。

　　地毯是我国著名的传统工艺品，用棉、麻、毛、丝等天然纤维或化学原料加工而成，具有毛质优良、技艺独特、图案漂亮等特点。

绳　子

　　如果你只是把一条条细纤维放到一起，韧度会比较低，一点儿都不结实。不过将很多纤维编织在一起，韧度就增强了。人们利用这种特性将纤维做成各种绳子，应用到了不同的地方。

结绳记事

　　在一条绳子上打结是文字发明之前，人们所使用的一种记事方法。每个结就代表一件事，大事就打个大结，小事就打个小结。对于古代人来说，这些大大小小的结是他们用来回忆过去的唯一线索。

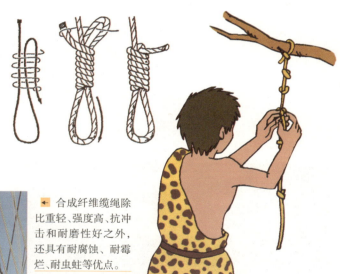

◄ 合成纤维缆绳除比重轻、强度高、抗冲击和耐磨性好之外，还具有耐腐蚀、耐霉烂、耐虫蛀等优点。

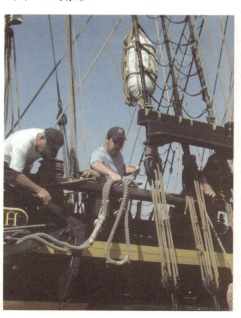

缆绳

　　缆绳是用来系船的粗绳，这种绳子必须非常坚韧耐磨，且有很好的弹性，因为它要抵挡码头边涨潮和退潮时的巨大冲击力。过去的缆绳常用钢索、麻或棉等材料做成，自从合成纤维出现以后，则大多用锦纶、丙纶、维纶、涤纶等制作。

缰绳

缰绳是人们用来牵拴牲畜的绳子，可以控制牲畜的活动范围。如果没有缰绳的制约，牲畜就会四处奔跑，很容易把路人踢伤或毁坏庄稼。

井绳

井绳就是指从井里打水时用的绳子，又粗又长，而且非常结实。打水时，人们将井绳的一端拴着水桶，慢慢放到深井里，把另一端握在手里。等水桶里的水装满后，人们用手紧紧攥住井绳，使劲儿往上拉，一直拉出井口。

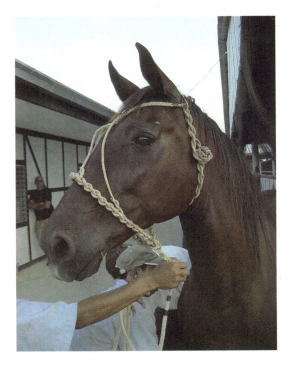

← 早期，人们没有条件使用自来水，井水是主要的生活生产用水。井绳是打水时必备的工具。

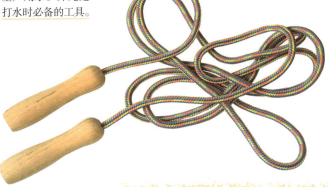

← 我们可以用粗细、材质、颜色不同的绳子编织出各种好看的装饰品。编织漂亮的中国结时，绳子就是主要的材料。

小 实 验

编绳就是将一条条细绳编织旋扭在一起的过程。下面就让我们一起动手来试着编一下。首先找几根细绳，把其中一头集中到一起打个死结。将结系在桌子腿上，再把细绳并排放在双手手掌间，用力往同一方向旋扭，重复几次，一条粗绳就编好了。

蚕　丝

蚕丝也称天然丝，是天然纤维中的珍贵品种。如今，虽然已经出现了大量的人工合成纤维，但无论从外观还是质感上都无法与蚕丝织品相媲美。我国是世界上最大的蚕丝生产国。

蚕与蚕茧

蚕以桑叶为食物，是吐丝结茧的能手。它发育到一定时期后，会吐出白色丝线将自己一圈又一圈、严严实实地包在里头，这些数以千计的丝线结成了一粒蚕茧。蚕茧是纺织品的原料，有椭圆形、椭圆束腰形、球形或纺锤形等不同的形状。

剥茧抽丝

我们要想获得蚕茧中的丝，必须经过剥茧抽丝的过程。这个过程的窍门就是先把蚕茧泡在热腾腾的水里，等附着在丝线上的胶质泡软后，就可以轻易地抽出一根根又细又长的丝线了。

➡ 蚕茧表面呈白色，有不规则皱纹，并有附着的蚕丝，呈绒毛状。其内壁的丝纹很有规律，质轻而韧，不易撕破。

闪闪发光的蚕丝

大多数纤维都是圆形,只有蚕丝呈三角形。当光线照射在三角形的三边平面上时会发生反射,因此丝织品看起来闪闪发光,十分耀眼。

🔺 桑蚕又名家蚕,在室内放养。桑蚕丝细腻、洁白、柔软,用它织成的物品可薄如蝉翼,轻如纱。

🔺 柞蚕是野蚕,在自然环境中生长。柞蚕丝是天然奶黄色,具有稍硬、蓬松等特点,因此适合用来制作被子。

古老的丝绸

丝绸是用蚕丝或人造丝织成的纺织品,具有光滑绵软、色泽明艳等特点。我国在数千年前便开始纺织丝绸,并在服饰、经济、艺术及文化方面散发出了璀璨的光芒。因此,丝绸在某种意义上代表了我国悠久灿烂的文化。位于江苏省苏州市南部的盛泽镇,是我国著名的丝绸之乡。

🔺 五颜六色的丝绸

小 知 识

丝绸之路是指我国西汉时期,由张骞出使西域开辟的以长安(今西安)为起点,经甘肃、新疆,到中亚、西亚,并连接地中海各国的贸易通道。因为由这条路运输的货物大多以丝绸制品为主,所以得名"丝绸之路"。

蚕丝的新用途

蚕丝是自然界中最轻柔的天然纤维，所以通过加工被应用到了社会各个领域。采用高新科技研制的丝蛋白人工皮肤、五颜六色的天然彩茧及舒适柔软的蚕丝被等都为蚕丝家族增添了不少光彩。

丝蛋白人工皮肤

丝蛋白人工皮肤是采用高新科技、以天然蚕丝蛋白为主要原料研制而成的。如果有人被大火或化学物品烧伤过于严重时，医生就会用这种人工皮肤进行治疗。丝蛋白人工皮肤分为"真皮"层和"表皮"层，"真皮"层能引导人体真皮再生，"表皮"层则为真皮的再生和恢复创造了良好环境。

⬆ 丝蛋白人工皮肤能代替皮肤，起到屏障保护作用，既可以减少感染，又能避免因体液渗出而导致的体内蛋白和电解质的丧失。同时，还可以减少患者的换药次数，并有助于创面愈合。

天然彩茧

五颜六色的天然彩茧是通过基因重组法，将优良的彩色茧基因转移到高产优质的白色茧品种，然后培育出的彩色蚕茧品种。采用这种天然彩茧织成的丝绸是一种绿色环保原料，抗菌能力很强，成为化妆品、内衣、医用纱布等产品的优质原料。

⬆ 彩色蚕茧加工而成的丝绸，不用经过染色工序，就可以纺织成不同颜色的衣服。

蚕丝被

蚕丝被选用 100%纯天然蚕丝作为填充物，经独创的科学工艺加工而成，具有蓬松、透气、保暖、不易结块等特点，可以提高睡眠质量，使你睡得更舒适，更香甜。

◄ 蚕丝大约有 1/3 是空心的，能吸收 30%～50%的水分而不会感到潮湿。人体出汗后，水分透过蚕丝被蒸发，蒸发会吸收热量，所以人感到十分凉爽。

医用缝合线

用天然蚕丝去除胶质后编织而成的医用缝合线，是医疗手术中重要的缝合材料，广泛应用于各类非吸收部位的手术缝合中。

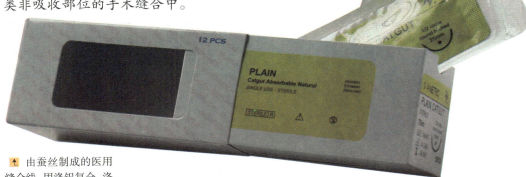

↑ 由蚕丝制成的医用缝合线，用涤铝复合、涤纶等材料密封包装，经 γ 射线辐照灭菌，使用前不用再经过消毒，可以直接使用。

小 实 验

我们来动手做个丝质的大头针插垫。其实做法非常简单，你只需要准备一片丝布，然后在里面包一些棉花，再把布缝合就可以了。做好后你试着在插垫上插几个大头针，你会发现，无论插入或拔出都十分容易，而且一点也不会磨损针头。

◄ 蚕丝粉不仅可以有效控制自然湿度，而且能防止部分紫外线对皮肤的伤害，因此适合用于各种化妆品。

美容化妆品

蚕丝美容在我国已有悠久的历史，据《本草纲目》记载：蚕丝粉可以消除皮肤黑斑，治疗化脓性皮炎。蚕丝蛋白是很多美容化妆品中的添加成分，具有自然抗皱、强效增白、持久保湿等效果。

棉 花

棉花是世界上最主要的农作物之一，也是所有植物纤维中最具实用价值的一种。棉花全身都是宝，既是最重要的纤维作物，可以纺织成各种棉织品，又是重要的粮食作物，含有丰富的蛋白质。

棉花的"家族成员"

目前世界各国种植的棉花主要有四种，即亚洲棉（又叫粗绒棉）、非洲棉、陆地棉（又叫细绒棉）、海岛棉（又叫长绒棉）。其中非洲棉因其纺纱价值低，已经被淘汰。我国种植的棉花主要是细绒棉。

↓ 棉花的棉铃成熟后会自然裂开，露出柔软的纤维。白色或白中带黄的纤维长 2～4 厘米，含纤维素 87%～90%。

梳理棉花

新摘下来的棉花杂乱无章且与种子连接，因此，必须先挑除种子，再梳理棉花。梳理时必须先用一种像长梳子的机器，把种子与棉絮分离，然后再用另一种机器把打结的棉絮像梳头发一样梳理开。棉絮梳理顺后，就可以纺织成线了。

主要产棉区

　　世界上主要的棉花产区有中国、美国、印度、乌兹别克斯坦、埃及等。我国目前主要有三大产棉区，即新疆棉区、黄淮流域棉区和长江流域棉区。但我国不是棉花原产地，棉种从国外引进。

小　知　识

　　乌兹别克斯坦有"白金之国"的美誉，并不是因为盛产白金，而是因为该国棉花产量很高，居世界第四位，是重要的棉花出口国。

棉花的用途

　　棉花能被制成各种规格的织物，如棉线和棉布等。棉织物结实耐磨，而且洗涤后可以在高温下熨烫。棉布吸水性强，也容易晾干，做成的衣服穿到身上非常舒服。此外，棉花还是重要的油料作物。

➡ 棉花籽榨出的油含有一定有毒成分，主要被用于工业领域。

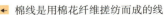

⬅ 棉线是用棉花纤维搓纺而成的线

黄麻、大麻与亚麻

很多植物长长的茎秆内部都含有强韧的纤维,黄麻、大麻及亚麻纤维就是取自植物茎秆中的纤维。这些植物纤维大多都很长,而且纤维含量高,因此,你想用手折断它们是件非常困难的事情。

大麻

大麻在我国俗称"火麻",是人类最早栽培的植物之一。大麻纤维呈白色或黄色,质地强韧,不易腐烂,吸水透气性好,并且抗静电、耐热,主要用于制造绳索、麻线、高级香烟纸和钞票纸等。

很早以前,大麻一直被当做只能用来制造绳索的纤维,直到改善大麻纤维细度的工艺得到发展后,大麻的其他作用才被发掘出来。

黄麻

黄麻又名络麻、绿麻,是热带或亚热带的短日照纤维作物。黄麻纤维非常有光泽,而且吸水性能好,散失水分快,是制作麻袋、麻布、造纸、绳索、窗帘的重要原料。黄麻是仅次于棉的第二大天然纤维。

⬆ 20世纪毛利裙是由手工编织的一种女性亚麻舞裙，这种非织机编织技术是由毛利人发明的。

亚麻

亚麻纤维是世界上最古老的纺织纤维，在种植过程中无需使用除草剂和杀虫剂，属于绿色环保纤维。亚麻纤维制成的织物手感干爽，韧度可以与棉布媲美，被用做服装面料、桌布、床上用品和汽车用品等。

⬆ 传统麻袋的制作过程是先用黄麻加工成麻线然后用机器织成麻布，最后再缝制成麻袋。

麻袋

麻袋是用麻类植物纤维制成的一种袋子，主要用来装粮食、盐、土壤、瓶子等。此外，防洪时也用来装稻草或沙子。

➡ 麻布衣服虽然没有丝绸衣服那么高档，但能给人带来几分时尚的感觉。

麻布

麻布是用各种麻类植物纤维制成的一种布料，韧度大、透气性好，但手感生硬，外观粗糙，一般被用来制作休闲装、工作装及普通的夏装。

小 实 验

一般情况下，植物中的纤维很难被抽出，下面我们一起来想个好办法。先把一些麻类植物的枝干放到水里煮，等枝干变软后将其从锅中捞出。晾凉之后，你试着用手去抽其中的纤维，是不是发现很容易就抽出来了呢？

椰子

椰子是一种典型的热带水果,外形与西瓜相似,外果皮较薄,呈暗绿色,纤维就藏在绿皮的下面。椰子不仅味道鲜美,是极好的清凉解渴之品,而且含有大量营养成分,具有很好的滋补功效。

高营养

椰子是一种美味可口的水果,椰肉色白如玉,芳香滑脆;椰汁清凉甘甜,沁人心脾。椰汁及椰肉中含有水分、蛋白质、果糖、葡萄糖、蔗糖、脂肪、维生素C、维生素E、钾、钙、镁等营养成分。

➡ 椰子果实内有一个贮存椰浆的空腔,成熟后,其内贮有椰汁,晶莹透亮、甘甜可口,是清凉解渴的佳品。

好饲料

椰肉可以榨油,榨油后剩下的椰子油饼是家畜非常喜欢吃的食物。每天给奶牛饲喂椰子油饼,可以提高奶牛的乳脂含量。此外,椰子树叶和椰干家畜也很喜欢吃,但人们一般不将其作为饲料。

滋补价值

　　椰肉能强身健体,非常适合身体虚弱、四肢乏力、容易疲劳的人食用。椰子糯米炖鸡是一种非常可口的滋补菜品。因为椰肉、糯米和鸡肉都是非常有营养的食物,用炖汤的方式将它们烹饪后,滋补效果自然更好。

⬆ 切片的椰肉

⬆ 用椰壳制成的包

小 常 识

　　椰子的综合利用产品达360多种,在国外有"宝树"、"生命木"之称。椰壳可以被加工成工艺品、乐器;椰干可以被榨出椰油;质地坚硬、花纹美观的椰木可做家具或建筑材料。

⬆ 椰子纤维除了可以被制成各种日常生活用品外,还可以被制成椰子纤维网和椰子纤维板,用于工业生产中。

椰子纤维

　　椰子把它的纤维藏在绿皮的硬壳里,这种硬壳可以用来保护它内部棕色的果核。我们只有剥开椰子壳后才能取出椰子纤维。椰子纤维是一种棕色的粗质纤维,韧度强,适合编织,可以被加工成地毯、床垫、沙发等。

⬆ 椰子是古老的栽培作物,我国种植椰子的历史已有两千多年,主要集中分布在海南各地,广东雷州半岛及云南的部分地区也有少量分布。

棕榈

棕榈是一种四季常青的植物,树干是圆柱形,周围包着棕皮,树叶就像一把把绿色的蒲扇,向四周散开。棕榈因叶色翠绿、外形美丽成为街道、公园、学校、企事业单位的绿色观赏树种。同时,它也是优良的盆栽植物。

"兄弟姐妹"真不少

棕榈的栽培历史十分悠久,它的种类繁多,分为丛簇棕榈、吸枝棕榈、山棕榈、龙棕、塔基棕榈、瓦氏棕榈、扇子棕榈等。

扇子形状的棕榈树叶

喜欢温暖和阳光

棕榈喜欢温暖湿润的气候和灿烂的阳光,耐寒性极强,可以忍受零下14℃的低温,这样的生活习性是它四季常青的"法宝"。

棕榈纤维

世界上产纤维的棕榈植物超过 100 种。棕榈纤维大多来源于植物的叶子，两侧长着很多棕色茸毛，摸上去硬硬的。这种纤维的韧性很好，不易折断，可以加工成扇子、凉帽、绳、板、地毯、床垫等物品。此外，棕榈纤维也是加工纸浆的重要原料。

我们一般所说的棕榈油仅指棕榈果肉压榨出的毛油和精炼油，不包括棕榈仁榨出的油。棕榈油与棕榈仁油所含的成分不相同，棕榈油主要含棕榈酸和油酸，棕榈仁油则主要含月桂酸。

⬆ 棕榈树栽于庭院、路边及花坛之中，树干挺拔，叶色葱茏，非常适合观赏。

棕榈油

棕榈油属于植物油的一种，是从油棕树上的棕果中榨取出来的，含有丰富的营养物质，不易变质，在食品工业以及化学工业领域均有广泛应用。棕榈油被人们当成天然食品来食用，已经超过 5000 年的历史。

用途广泛

除棕榈纤维可用于编织各工业用品和日常生活用品外，棕榈的其他部分也有很多用途。长势茂盛的棕榈树是适合四季观赏的树木；木材可以被制成器具；棕榈树干外部坚韧，历来被用做寺钟的钟槌。

合成纤维

很早以前人们就想仿照蜘蛛或蚕来制造丝线，今天已经有一些科学家研制出了不同的纤维来满足人们的需求。这种人工设计和研制出的纤维就是合成纤维，可以被制成各种漂亮的衣服和性能良好的保温材料等。

人造丝

随着时间的推移，天然丝已经不能满足人们对丝的需求，于是在20世纪初期出现了一种由化学溶液加工而成的细丝，这就是人造丝。现在，我们见到的那些五光十色的丝绸大部分都是人造丝。如今，丝绸已经走进了很多寻常百姓家。

⬆ 用人造丝做成的丝巾，从外观来看，与真丝制成的丝巾并没有很明显的区别。

➡ 玻璃纤维复合毡

玻璃纤维

玻璃纤维是一种性能优良的无机非金属材料，成分有二氧化硅、氧化铝、氧化镁、氧化钠等。它是以玻璃球或废旧玻璃为原料，经高温熔炼、拉丝、络纱、织布等工艺，最后形成的各类产品。通常作为电绝缘材料、绝热保温材料及电路基板等被广泛应用于社会各个领域。

⬆ 玻璃纤维纱

尼龙

　　尼龙是世界上首先研制出的一种合成纤维,韧度高,重量轻。我们日常生活中的尼龙制品非常多,如丝袜、服装、地毯、渔网等。人们曾用"像蛛丝一样细,像钢丝一样强,像绢丝一样美"的词句来赞誉尼龙纤维。

↑ 尼龙是最重要的工程塑料,产量在五大通用工程塑料中居首位。

　　混纺纤维是化学纤维与其他棉、毛、丝、麻等天然纤维混合而成的一种纤维。我们现在穿着的很多衣服都是由混纺纤维布纺织而成的。你不妨检查一下衣服或被单的标签说明,看看里面究竟含有多少种纤维成分。

尼龙丝袜

碳纤维

　　碳纤维是一种纤维状碳材料,质地坚韧,专门用于制造飞机及赛车的材料,因为这两种交通工具都需要采用既坚韧又轻巧的材料。此外,碳纤维还可加工成织物、毡、席、纸及其他材料。

黏纤维被压到支撑带上

将纤维拉过盛有黏稠树脂的处理槽

表面处理

线轴

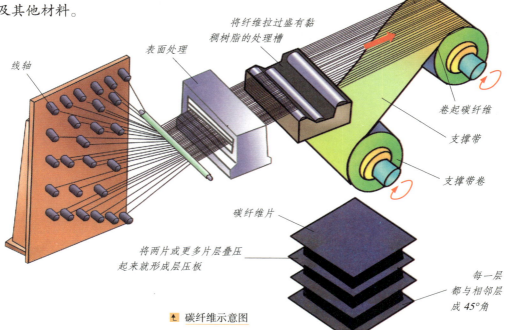

卷起碳纤维

支撑带

支撑带卷

碳纤维片

将两片或更多片层叠压起来就形成层压板

每一层都与相邻层成 45°角

↑ 碳纤维示意图

造纸术

造纸术是我国四大发明之一，也是人类文明史上一项杰出的发明创造。自从造纸术发明之后，纸张便以一种新的姿态进入人类的生活，并逐步传播到世界各地。如今，纸张已经成为我们生活中不可缺少的物品。

蔡伦与造纸术

造纸术没有发明之前，人们用龟甲、兽骨、竹简、木牍等材料来记录事情。但随着社会经济、文化的发展，原有书写材料的缺点日益突出。东汉时期，蔡伦总结了前人的造纸经验，进行了大胆的尝试和革新，发明了"蔡侯纸"。

▲ 蔡伦像

造纸原料

纸张是由纤维制成，多数制纸纤维来自树木。此外，废旧纸箱、旧棉布、稻草、包装盒等也是造纸的原料。各种材料可以制造出质地不同的纸张，有些制纸纤维还来自破旧衣服，说不定你现在看的书，就是用你的旧衣服制成的再生纸印刷而成的！

▲ 汉代造纸工艺示意图

古代造纸流程

古代时，人们造纸的方法与现在不同。他们先将树皮、麻头、破布、竹子等造纸原料经过水浸、切碎、洗涤、蒸煮、漂洗、捣烂等程序后，加入适量的水配制成浆液，然后再将搅拌均匀的纸浆捞出，晾干后就成了纸。

▲ 埃及早期的造纸现场

竹简是用竹片制成的，造纸术发明之前，竹简是主要的信息记载工具。人们在竹简上写字前，通常要准备好一把刀，如果字写坏了，就削掉重写。竹简不仅在古代文化史、书籍史上占有重要地位，而且对印刷术也有重要的影响。

现代造纸流程

随着科学技术水平的发展，现代的造纸技术已经有了很大提高，不但节省人力，而且工作效率高。现代造纸程序可分为制浆、调制、抄造、加工等几个主要步骤。

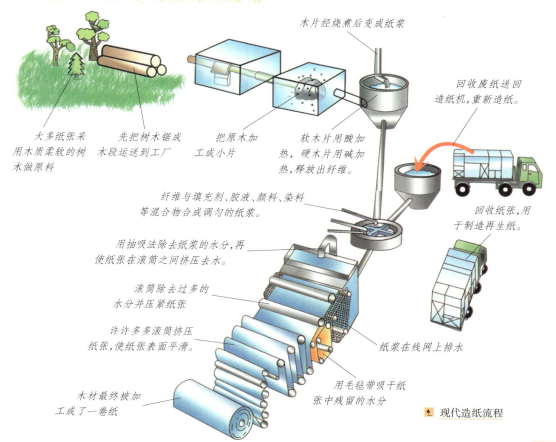

木片经烧煮后变成纸浆

回收废纸送回造纸机，重新造纸。

大多纸张采用木质柔软的树木做原料

先把树木锯成木段运送到工厂

把原木加工成小片

软木片用酸加热，硬木片用碱加热，释放出纤维。

回收纸张，用于制造再生纸。

纤维与填充剂、胶液、颜料、染料等混合物合成调匀的纸浆。

用抽吸法除去纸浆的水分，再使纸张在滚筒之间挤压去水。

滚筒除去过多的水分并压紧纸张

许许多多滚筒挤压纸张，使纸张表面平滑。

纸浆在线网上排水

木材最终被加工成了一卷纸

用毛毡带吸干纸张中残留的水分

▲ 现代造纸流程

纸的用途

> 纸是我们日常生活中最常用的物品,无论读书、看报,或是写字、作画,都得和纸接触。想象一下,如果没有纸,我们的生活会发生什么改变。纸在交流思想、传播文化、发展科学技术等方面,发挥着重要的作用。

书写与印刷

纸张是文字的载体,现在我们把很多信息书写到纸张上,然后用专门的机器印刷出来让更多的人了解。各种书籍、报纸、广告宣传单等都是生活中常见的印刷品。

↑ 质量上乘的印刷品,不仅外观漂亮,而且非常耐用。

包装纸

纸还可以用做包装物品。我们可以在文体商店中看到各种规格、质量、花色不同的包装纸,有些用来包装书,有些用来包装礼品。花花绿绿的包装纸不仅能起到保护作用,而且还是物品的漂亮"外衣"。

彩色包装纸

壁纸

壁纸也叫墙纸，是目前使用比较广泛的墙面装饰材料，既防潮又美观。壁纸的种类和花色有很多种，有温馨的风景壁纸、可爱的卡通壁纸及各种不同图案和花纹的壁纸，我们可以根据自己的喜好去随意选择。

卫生纸是我们常用的生活用纸，所以质量要求非常高。制造卫生纸的原料很多，常用的有棉浆、木浆、草浆、废纸浆等。

吸水纸

吸水纸是厨房里的"好帮手"，可以将油污和水渍擦得干干净净。它们既卫生又便宜，变成垃圾后也比较容易处理或再生利用。吸水纸中的纤维交错呈网状，其间有很多空隙，这些空隙可以含住水分，所以它们能轻松地将水分吸收。

小 实 验

所有纤维都具有吸水功能，纸质越松软，吸水性能就越强。你不妨仔细观察一下纸手帕，看看共有多少层。试着把它撕开，你会发现内层纤维交叉错置，层越多就越能吸水，就像海绵一样。

海绵的吸水性很强

纸尿裤

纸尿裤是一种婴幼儿用品，材质比较柔软，渗透性强，可以吸收婴儿的尿液，使他们的皮肤时刻保持干爽。

编　织

编织工艺在我国已经有几千年的历史，人们用不同的材料编织出了各种生活用品，如地毯、竹席、门帘、垫子、篮子等。编织的方式有很多，针织就是其中一种。我们冬天穿的毛衣就是典型的针织品。

横竖两条线

编织需要两条以上的线，一条作为横线，另一条作为竖线，两条线平行交织而成物品。人们利用这种方式，把一些分散的线结合在一起，编织出一件件漂亮的衣服和精致的用品，上面还有很多好看的图案。

手工编织竹篮时，横向的竹条要穿过竖向的竹条。横、竖两组竹条多次交织，最终成为一个篮子的形状。

草帽是用水草、麦秸、竹篾或棕绳等物编织成的帽子，一般帽檐特别宽，具有遮雨、遮阳的作用。

编织品面面观

编织品按原料划分，主要有竹编、藤编、草编、棕编、柳编、麻编等六大类。编织工艺品的品种主要有日用品、欣赏品、家具、玩具、鞋帽五类，包括地席、坐垫、靠垫、提篮灯罩、挂屏及各种动物造型等。

竹子经过加工也可以编结成各种精巧的生活日用品，如门帘、屏风、竹篮、果盒、扇子等。

色彩艳丽的针织袜

针织品

　　针织品外观漂亮,质量又好,因此受到了很多人的青睐。针织品既可以在家里用手织,也可以使用机织,厚度根据线的多少或棒针的粗细而定,不同的针织手法,编织出的图案和手感都不一样。

手工织毛衣

弹性与强韧度

　　通过编织与针织可以让毛线充分发挥它的弹性与强韧度。无论我们以何种方式去拉扯织品,它都具有强韧度,而又不失弹性,非常好用。

织毛衣

　　毛衣既可以用机器编织,也可以手工编织。手工织毛衣时必须使用两根棒针,交叉绕过针头,一个环节接着一个环节地仔细编织。两根棒针交叉应用时选用不同颜色的毛线,就可以织出各种花样。

棒针

纺 织

从早期的手工纺织小作坊到现代的大规模机械纺织厂，纺织工艺经历了一个漫长的发展过程，现在已经成为我国工业生产中的一个重要部分。纺织涉及的领域非常广泛，可以生产出各种生活用品及工业材料。

纺纱

纺纱可以分为手工纺纱和机器纺纱两种，尽管现在已经实现了机械化，但仍有一些地区盛行手工纺纱。纺轴的形状像陀螺，是纺织过程中不可缺少的工具，通过不断旋转把纤维纺成纱线。"珍妮纺纱机"是1776年发明的纺纱机器，它的出现标志着人类进入了工业时代。

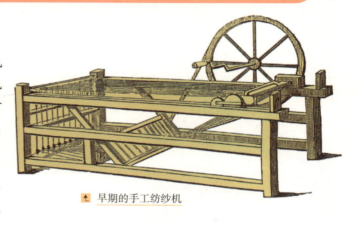

↑ 早期的手工纺纱机

手工织布机

早期人们用手工织布机进行纺织，主要部件有梭子、卷布辊、线辊、脚踏板、撑子等。这种机器需要用手和脚同时控制，横竖两组线交错织在一起，两脚上下踩脚踏板，调换两组线的位置，手要不停地穿梭于两组线之间。

拉升纱线的装置就叫综片

现代织布机

现代织布机的发明不但节省了人力，而且提高了劳动效率。20世纪50年代起先后出现了各种实用的无梭织机，其中的主要发明有片梭织机、喷气织机和喷水织机、剑杆织机。

▲ 剑杆织布机

棉纺

棉纺是把棉纤维加工成棉纱或棉线的纺织工艺过程。这一工艺过程也适用于纺制棉型化纤纱、中长纤维纱以及棉与其他纤维混纺纱等。棉纺织物质感柔软，价格低廉，且棉纺工序比较简单，所以在纺织工业中占首要地位。

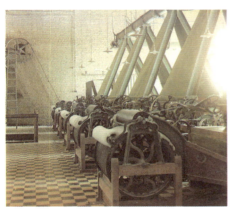

▲ 棉纺机器

麻纺

麻纺是利用麻类纤维制造纺织品的技术。我国盛产各种麻类纤维，生产工艺已趋于成熟。麻纺织品具有凉爽、抗菌、抗紫外线等功能，深受消费者的喜爱。

▲ 用麻纤维纺织成的毯子

布匹

我们每个人都非常熟悉的布匹是由许许多多的纤维纺织而成的，它在人们的生活中扮演着重要的角色，可谓"劳苦功高"。也许因为太熟悉，所以你从来没有仔细研究过它，下面就让我们一起来重新"认识"布匹。

石头能织布

如果有人说坚硬的石头也可以用来织布，你一定会觉得不可思议。原来，石头织布首先是将砂岩和石灰石等轧碎放到窑炉里，再加入纯碱等原料，用高温把它们熔化成液体后拉成玻璃纤维，最后纺织成布。

⬆ 石棉瓦是屋顶防水材料，里面的玻璃纤维非常细。它具有防火、防潮、防腐、耐热、耐寒、质轻等优点。

⬆ 各种颜色的布匹

各种服饰原料

人们用来织布的原料，一种是植物纤维，就是棉花和麻类等，它们可以织成各种棉布和织物；另一种是动物纤维，就是蚕丝和毛等，可以制成美丽的丝绸和呢绒。后来，又出现了人造纤维等新的原料，每种原料织成的布匹都能制作出很多漂亮的服饰。

布匹的广泛用途

布匹在我们生活中随处可见，用途非常广泛，不仅能制成各种样式和花色的衣服及床单、被单、窗帘等家居用品，而且还被做成各种工艺品，比如可爱的布娃娃、多功能的挂袋、颜色鲜艳的手工花等。同时，布匹也被大量应用到了工业领域中。

▲ 布娃娃玩具

五花八门的面料

服装面料就是用来制作服装的材料，它不仅可以诠释服装的风格和特性，而且直接决定着服装色彩、造型的表现效果。在服装世界里，服装的面料五花八门，常见的有棉布、麻布、丝绸、呢绒、皮革、化纤、混纺。各种面料的特性不同，适合制作的服装类型也有差异。

小 知 识

我们在阅读古文时经常会见到"布衣"一词。"布衣"是指古代平民百姓穿着的用棉布或麻布制成的衣服。在古代，只有富裕的人家才能穿得起丝绸，普通百姓只能穿便宜的布质衣服，所以有了"布衣百姓"的说法。

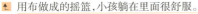

▲ 用布做成的摇篮，小孩躺在里面很舒服。

结与网

打结可以用来绑紧物品或结合两条以上的线，结能让线紧紧结合在一起，不容易散开。渔网和地毯都是利用打结的方式编织牢固的。结网看上去是一件简单的事情，其实里面有很多的学问。

🔺 结是用绳、线、皮条等绾成的疙瘩，我们在日常生活中随处可见。

有固定作用的结

结具有固定作用，如果一个人单独打结，一般不容易把结打牢，所以会找另一个人来帮忙。一人拉一边，把线朝两个相反的方向用力，绳结就会被拉得很紧，这样就不容易松开。

手术中的结

外科医生在手术完成后必须要两个人合作才能将病人的伤口缝合牢固。因为一个医生进行缝合时，缝合线容易松动，会影响手术效果，不利于病人的伤口愈合。

蜘蛛网

蜘蛛体内有一种特殊的液体,吐出后会在刹那间化为柔韧而且弹性很好的丝线。蜘蛛会用这些丝结成一张结构密集的网,作为它们捕食猎物的最佳工具。很多人造纤维工厂就是利用蜘蛛吐丝结网的原理来制造合成纤维的。

地毯上的结

地毯能耐得住各种粗鲁的对待,我们踩在上面时,它除了要承受我们的重量外,还要忍受走动时鞋底的摩擦。因此,地毯的表面有许多直竖的绒毛线,以打结的方式紧密固定在地毯的地布上。这样可以防止它们在鞋底反复走过时松开,能延长使用寿命。

渔网

渔网是指渔民在捕鱼时用的网,大部分是用合成纤维加工而成。编织渔网的纤维既结实又柔软,可以适当拉长。根据网的缝隙大小,渔网可分为细网和粗网。细网用来捕捉小鱼,粗网在捕大鱼时可以让小鱼钻漏,得以继续生存长大。

细网一般用来捕捉池塘里的小鱼,渔夫所用的网都是粗网。

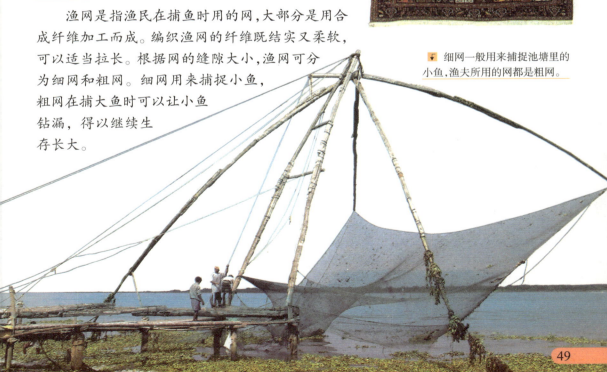

防潮与防水

纤维具有良好的防水功能,但有些纤维的缝隙特别小,做成的衣服不透气。人经过运动后,感觉身上又潮又热,非常不舒服。因此,最佳的制衣防水纤维应该有大小恰当的缝隙,既能小到无法让水渗入,又不能密到不透气。

防水布料

我们生活中还有一些具有很强防水性的布料。它们并不喜欢水分,当水分落到它们身上时,不是垂头丧气地滑落下去,就是孤单地停在上面,直到被阳光晒干或被擦掉。防水布料可以被制成防雨工具、帐篷及壁画等。

斗笠和蓑衣

斗笠与蓑衣是传统的遮雨工具,现在大多作为艺术品用于观赏,仅有少数山村水乡仍在使用。斗笠是用植物的叶为原料编织而成的,有尖顶和圆顶两种样式。蓑衣是用草或棕叶制成的雨衣,一般配合斗笠一起使用。

↟ 斗笠一般用竹篾、箭竹叶等原料编织而成

小知识

　　爱斯基摩人称自己为"因纽特人"，他们生活在寒冷的北极。为了抵御严寒，他们穿着用动物皮毛做成的衣服。这种皮毛衣服穿到身上不仅舒适暖和，而且还有防水作用，不容易受潮。

因纽特人

抹布

喜欢水的布料

　　我们进行大扫除时用的抹布大多可以吸水，如果你拿一块干的抹布放到水里，就会发现水分会在表面慢慢扩散开来。这是因为吸水布料的纤维之间有很多空隙，放到水中后，水分就会乘机"溜"进去。

雨衣和雨伞

　　雨衣和雨伞是重要的防雨工具。我们在雨天出行时，如果不打雨伞也不穿雨衣，就会被淋得湿漉漉的。雨衣和雨伞都是用特殊的纤维材料制成的，虽然光和空气可以穿透，但水分却无法渗透。

防火纤维

纤维可以制成很多物品,有些很容易着火,称为可燃性物质,但也有些纤维制品具有很强的防火功能,不容易着火。而且,不同的编织方法也会影响纤维制品的防火功能。

天然防火

动物毛发和人的指甲都是由相同的物质组成,它们着火时只会慢慢燃烧,而不会有火焰。相反,木材纤维等植物类纤维就很容易着火。因此,从纤维的防火功能来看,羊毛等动物毛发就比棉花这样的植物纤维安全。

↥ 木材都是植物纤维构成的,最容易着火,而且这种纤维燃烧时所放出的热量相当高。

↥ 编织细密的地毯具有防火功能。

防火编织

纤维的编织方式可以直接影响纺织品的防火功能,松散的织法缝隙比较大,空气可以完全透过,容易引起燃烧。相反,织法细密的纺织品空气则不容易进入,可以防火。

宇航服

　　宇航服采用多层密集编织方法制作而成,不但防火,而且密不透气,主要的缝制材料是玻璃纤维。玻璃原本就不会着火,因此玻璃纤维也具有同样的功能,而且强度很大。

　　⬆ 宇航服又称航天服或太空服,它是宇航员在宇宙空间穿着的特殊服装,具有加压、提供氧气、防辐射、穿脱方便等特点。

小　观　察

　　家里有没有防火纤维,会直接影响我们的安全。防火物品的标签上通常都会注明制作材料及功能。你不妨在家里四处找找,看看家里有没有防火物品。如果你看不懂标签也可以请爸爸妈妈来帮忙,看看睡衣、窗帘及其他家居用品中是否含有防火纤维。

消防服

　　消防服的制作材料都经过了特殊的化学物质处理,具有防热、防火及防浓烟的功能,可以保护消防员的自身安全。同时,这些化学物质还可以作为一些家用纺织品的保护外层,可以降低火灾发生的几率。

染料与颜色

　　颜色在我们的日常生活中扮演着相当重要的角色，各种颜色带给人们的感觉不同，热烈的红色、淡雅的白色、高贵的紫色、清爽的绿色等等，都是我们常见的颜色。事实上，大多数纤维原本的颜色都十分黯淡，只能借助染料来加强色彩的变化。

天然色彩

　　当你漫步在花园中，用手指碾碎一株植物的叶柄时，你会发现手指染上了颜色。其实，植物的根、茎、叶及草莓类果实中都含有天然的色彩，它们是人类最古老的染料。此外，动物也可以作为染料来源。

◀ 指甲花又名凤仙花，指甲油盛行以前，女孩们用它的天然色彩来染指甲。

◀ 人造染料

▼ 染色剂

人工色彩

　　从植物中萃取的颜料不容易控制质量，也没有办法大批量生产。因此，现在的染料几乎都是化学染料，其中油类是主要的萃取来源。人工合成染料除了在制造时可以控制颜色深浅度外，使用时还不容易褪色。

浸染

人们在将纤维纺织成纱线后，会经过染色处理，将整束纱线浸入滚烫的大染缸内，然后再取出晒干。把纤维浸入染料水溶液中后，染料会向纤维移动。此时，水中的染料量逐渐减少，经过一段时间后，染料完全溶入纤维，浸染过程就完成了。

环保染料

人工合成染料里面含有化学物质，对人体会造成一定的伤害，所以环保染料的使用迫在眉睫。环保染料是指符合环保有关规定并可以应用的染料，不会产生损害人体或污染环境的有害化学物质。

⬆ 染色后的纱线要晒干后才能使用。晾晒时，五颜六色的纱线也成为一道美丽的风景。

颜色不同的制服

色彩艳丽的染料非常引人注目，人们根据工作的需要，制作了各种颜色的工作制服。军人参战时所穿的绿色迷彩服具有一定的保护作用，在丛林间不容易被敌人发现。

纤维的艺术

提到纤维，我们想到最多的就是衣服、地毯、布料……没错！所有你能想到的纤维制品都称得上是纤维的艺术作品。纤维艺术品给人们带来的不仅是视觉上的美感，更有温馨、舒适等享受。

服饰

服饰是十分常见的纤维制品，它最为集中地体现出了纤维的艺术。自古以来，人们都非常重视服饰的作用和款式。不同时代、国家和民族的服饰，都具有各自的特点，代表了不同的历史背景、生活特点及地域特色。

日本和服

工艺品

纤维工艺品包括天然植物纤维工艺品、毛线工艺品及各种合成纤维工艺品。花篮、帽子、手提袋、灯罩等用天然植物纤维编织而成的工艺品，不仅外观漂亮，而且环保无污染，深受人们的喜爱。

刺绣

刺绣俗称"绣花"，是我国优秀的民族传统工艺之一。用绣针牵引彩线按设计好的花样，在丝绸或布等织物上来回穿刺，以绣迹构成图案或文字。刺绣品构图紧密，针法整齐，线条流畅，主要有生活服装、歌舞或戏曲服饰、枕套、靠垫等生活用品。

⬆ 刺绣的针法丰富多彩，各有特色，包括齐针、套针、扎针、长短针、打子针、平金、戳沙等几十种。

装饰

纤维织品如今在室内装饰方面发挥的作用也越来越大。根据使用环境与用途的不同，一般分为地面装饰、墙面贴饰、挂帷遮饰、家具覆饰、床上用品、盥洗用品等几大类。合理选用装饰用织物，既能使室内看上去豪华气派，又能带给人一种舒适的感觉。

⬆ 抱枕也称靠垫，它虽然小，但材质、颜色与摆放的方法都会影响室内的整体风格。

地毯

地毯被广泛应用于现代建筑和民用住宅，具有保暖、隔音、舒适、美观、耐磨等特点。按材质分为纯毛地毯、混纺地毯、化纤地毯和塑料地毯。

色彩与样式

人们在设计服装的样式时，除了模仿自然界中的天然样式，如斑马身上的条纹、猎豹身上的斑点，此外，还融入了很多自己的创意。各种时尚多变的样式配上靓丽的色彩，深受人们的喜爱。

针织样式

针织品的样式有长有短，上面还有各种不规则的图案、漂亮的花朵及卡通人物等。人们在进行针织前，会事先设计好款式及花色，然后利用不同颜色的毛线通过环织方式针织而成。

⬆ 针织物质地松软，有良好的抗皱性与透气性，并有很好的弹性。

编织

编织品的色彩变化可以利用编织梭子的功能不同而变化，它能引领各种色彩的毛线以不同的方式穿梭于横竖两组线之间，最终编织出样式多样，色彩各异的物品。

⬅ 编织方法不同，样式和色彩就会有所变化。花色和图案各异的编织品，只有经过多种不同方法的编织，才能呈现在人们面前。

印制

　　印制是设计服装样式中最简便的方法，人们可以在印制版上重复印上不同的色彩。印制能提供各种样式，无论粗、细、横条、直条，都可以任意选择。更为奇特的是，你还可以把自己的照片印制在衣服上。

小 实 验

　　结染可以产生令人惊讶的样式，你根本无法预知染出来的效果。先在布匹上打个结，然后放到染料中浸染。取出布料后，松开结，你会发现上面出现许多有趣的图案样式。不妨自己动手试试，看看是否能染出自己喜欢的样式。

➤ 结染是一种传统的染色与样式设计方法，也是分层染色中最简便的一种。

蜡染

　　蜡染是我国古老的民间传统纺织印染手工艺。先用蜡将花纹点绘在麻、丝、棉、毛等织物上，然后放入染料缸中浸染，有蜡的地方染不上颜色，除去蜡即现出美丽的花纹。虽然蜡染一件织品需要花费很长时间，但成品颜色鲜艳，而且景物十分生动。

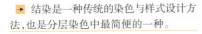
⬆ 漂亮的蜡染制品

 # 漂亮的服饰

服饰是人类的必需品，各种款式和色彩不同的服饰遍布全球。早期人们用手工来缝制一年四季的衣服，后来随着机械化的普及，衣服成为机械制作、大批量生产的产品。如今，人们不单单把服饰当做保暖蔽体的工具，而且越来越注重它的整体修饰作用。

单薄的夏装

炎炎夏日里，人们最喜欢穿质地轻薄且透气性比较好的衣服，T恤、衬衫、纱裙、短裤都是人们首选的夏装。丝、棉、麻等天然纤维是最好的夏季衣料，其中，柔滑的丝绸具有很好的亲肤性，穿到身上非常舒服，而且很漂亮。

暖和的冬装

冬天气候比较寒冷，所以人们十分注重衣服的保暖性。毛衣、羊绒衫、棉衣、羽绒服等都是冬天常穿的衣服。这些服装的组成纤维可以储存热能，保暖性非常好，而且手感柔软、蓬松，同时具有吸湿快干的特点。

美丽的女装

　　女装无论从款式、花色，还是从制作原料方面来讲，都比男装丰富多样。成熟的职业套装、飘逸的裙装、优雅的风衣、凉爽的吊带衫、暖和的皮衣等，都能带给女性一种独特的气质，成为大街上一道道美丽的风景。

🔺　一套完整的滑雪服包括滑雪服、滑雪裤、滑雪排汗衣、抓绒衣四件，能为滑雪者提供全方位的保护。

滑雪服

　　滑雪服是由特殊的纤维材料制成的，不仅具有耐磨、防水、保暖等性能，而且具有艳丽的色彩。滑雪服的颜色一般十分鲜艳，这不仅是从美观上考虑，更主要的是从安全方面着想。如果有人在滑雪时发生意外或迷失方向，鲜艳的服装就为寻找者提供了线索。

运动服

　　运动服是专用于体育运动竞赛的服装，广义上还包括从事户外体育活动穿着的服装。运动服根据体育运动项目分为田径服、球类运动服、水上运动服、体操服、登山服、击剑服等几种类型。

新纤维技术

科技的发展总是让人无法预料，有谁会想到原本平常的纤维会在今天发挥如此神奇的作用，不仅可以自动调温、感应变色，甚至与代表高科技的纳米技术都成了"好朋友"。这位"神奇小子"还会有什么"新花招"呢？让我们拭目以待。

纤维的发展

近年来，纤维技术有了快速发展。人们对天然纤维的加工与制作更细致，更科学，越来越多的纤维制品出现在日常生活及工业生产中。同时，各种合成纤维也在生产及性能方面取得了很大进步。

▲ 很多漂亮、舒适的家居用品都是由各种纤维制成的。

新纤维

随着科学技术水平的发展，人类对新纤维的开发也步入一个新阶段。牛奶蛋白纤维是将牛奶去水、脱脂，利用特殊技术制成牛奶浆液，再经新工艺及高科技手段处理而成的新型纤维。它集中了天然纤维和化学纤维的优点，自问世以来，备受人们关注。

神奇的调温纤维

　　智能调温纤维是一种高科技纤维材料，能够感知周围环境变化，并可以随着外界环境温度的变化而调节温度，起到保温和防寒的作用。人们可以利用这种调温纤维制成滑雪服、靴子、帽子、手套、袜子及运动服等。

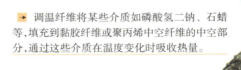

➡ 调温纤维将某些介质如磷酸氢二钠、石蜡等，填充到黏胶纤维或聚丙烯中空纤维的中空部分，通过这些介质在温度变化时吸收热量。

多彩的变色纤维

　　智能变色纤维在遇到光、热、水或各种辐射等刺激后，能自动改变颜色。利用它制成的士兵服装，在遇到不同温度或光线的地方可产生色彩的变化，能起到隐蔽作用。此外，变色纤维还可以制成演员服装、儿童服装及游泳衣。

➡ 随着光线或温度的不断变化，演员服装会呈现出多变的色彩，产生绚丽的舞台效果。

应用更广泛

　　目前，各种纤维制品的应用范围更加广泛。同时，纳米技术在纤维中的应用也有很大突破，纳米衣服、纳米毛巾及纳米家居用品等已经开始逐步走进我们的生活。

毛巾

图书在版编目（CIP）数据

科学在你身边. 纤维 / 畲田主编. —长春：北方妇女儿
童出版社，2008.10
　ISBN 978-7-5385-3520-4

　Ⅰ. 科… Ⅱ. 畲… Ⅲ. ①科学知识–普及读物②纤维–
普及读物 Ⅳ. Z228　TS102-49

中国版本图书馆 CIP 数据核字（2008）第 137221 号

出版人：李文学
策　划：李文学　刘　刚

科学在你身边

纤 维

主　　编：畲　田
图文编排：刘　艳　袁晓梅
装帧设计：付红涛
责任编辑：佟子华　姜晓坤
出版发行：北方妇女儿童出版社
　　　　　（长春市人民大街 4646 号　电话:0431-85640624）
印　　刷：三河宏凯彩印包装有限公司
开　　本：787×1092　16 开
印　　张：4
字　　数：80 千
版　　次：2011 年 7 月第 3 版
印　　次：2017 年 1 月第 5 次印刷
书　　号：ISBN 978-7-5385-3520-4
定　　价：12.00 元